V

V

ABRÉGÉ

DE

L'ARITHMÉTIQUE

DÉCIMALE

Tout Exemplaire qui ne sera pas revêtu des trois signatures ci-dessous, sera réputé contrefait.

Les Éditeurs,

ABRÉGÉ
D'ARITHMÉTIQUE DÉCIMALE

ou

Extrait du Nouveau Système d'Arithmétique décimale

ET DU SYSTÈME MÉTRIQUE

APPROUVÉ

PAR LE CONSEIL DE L'INSTRUCTION PUBLIQUE

PAR F. P. B.

CHEZ LES ÉDITEURS

TOURS   **PARIS**

Ad **MAME ET** Cie,   Ve **POUSSIELGUE-RUSAND**,

Imprimeurs-Libraires.   Rue Saint-Sulpice, 23.

1856

Les ouvrages suivants, par F. P. B.
se trouvent aux mêmes adresses.

ABRÉGÉ D'ARITHMÉTIQUE, 1 vol. in-18.
ABRÉGÉ DE GÉOGRAPHIE, 1 vol. in-18.
ABRÉGÉ DE GRAMMAIRE, 1 vol. in-18.
ABRÉGÉ DU COURS D'HISTOIRE, 1 vol. in-18.
ABRÉGÉS RÉUNIS, 1 vol. in-18.
CHANTS PIEUX (Texte), 1 vol. in-18.
LE MÊME LIVRE (Musique), 1 vol. in-18.
COURS COMPLET D'HISTOIRE, 1 gros vol. in-12.
COURS D'ÉCRITURE, 1 vol. in-4º.
DICTÉES ET CORRIGÉ des Exercices orthographiques
1 vol. in-12.
DICTIONNAIRE DE LA LANGUE FRANÇAISE, 1 vol. in-8
EXERCICES ORTHOGRAPHIQUES, 1 vol. in-12.
GÉOGRAPHIE, 1 vol. in-12, avec cartes.
GÉOMÉTRIE PRATIQUE, 1 vol. in-12, 400 gravures.
GRAMMAIRE FRANÇAISE ÉLÉMENTAIRE, 1 vol. in-12.
LECTURES (Manuscrits autographiés), in-12.
LECTURES (avec caractères d'imprimerie), in-12.
NOUVEAU TRAITÉ D'ARITHMÉTIQUE DÉCIMALE, 1 vol
in-12.
NOUVEAU TRAITÉ DES DEVOIRS DU CHRÉTIEN, 1 vol
in-12.
SOLUTIONS des Problèmes d'Arithmétique, in-12.
SYLLABAIRE, in-18.
TRAITÉ DU STYLE, 1 vol. in-12.

EXTRAIT

NOUVEAU TRAITÉ

D'ARITHMETIQUE DÉCIMALE

DÉFINITIONS PRÉLIMINAIRES.

1. D. Qu'est-ce que l'*Arithmétique* ?

R. L'*Arithmétique* est la science des nombres.

2. D. Qu'appelle-t-on *nombre* ?

R. On appelle *nombre* l'expression du rapport d'une grandeur quelconque comparée à l'unité.

3. D. Qu'entend-on par *grandeur* ou *quantité* ?

R. Par *grandeur* ou *quantité* on entend tout ce qui est susceptible d'être augmenté ou diminué, comme les mesures, la valeur des choses, le temps, etc.

4. D. Qu'est-ce que l'*unité* ?

R. L'*unité* est la chose que l'on a en

1

...ne comme terme de comparaison, lorsqu'il s'agit de compter combien il y en a de semblables dans une quantité.

Ainsi, dans six francs, l'unité est le franc, dans vingt maisons, l'unité est la maison, etc.

5. D. Comment divise-t-on les nombres?

R. Les nombres, en général, se divisent en nombres *abstraits* et en nombres *concrets*.

6. D. Qu'appelle-t-on nombres *abstraits*?

R. On appelle nombres *abstraits* ceux qui contiennent des unités dont la nature n'est pas déterminée; comme *trois*, *quatre*, etc.

7. D. Qu'appelle-t-on nombres *concrets*?

R. On appelle nombres *concrets* ceux qui contiennent des unités dont la nature est déterminée; comme *deux francs*, *trois hommes*, *quatre maisons*, etc.

DE LA NUMÉRATION.

8. D. Qu'est-ce que la *numération*?

R. La *numération* est la partie de l'arithmétique qui enseigne à former les nombres, à les exprimer et à les représenter.

9. D. Comment forme-t-on les nombres?

R. On forme les nombres en ajoutant successivement l'unité à elle-même.

10. D. Comment exprime-t-on les nombres?

R. On exprime les nombres par les mots suivants, seuls ou combinés entr'eux : *un, deux, trois, quatre, cinq, six, sept, huit, neuf, dix ou dizaine, cent ou centaine, mille, million, billion,* etc.

11. D. Comment représente-t-on les nombres?

R. On représente les nombres au moyen des dix caractères suivants, qu'on appelle *chiffres :* 1, 2, 3, 4, 5, 6, 7, 8, 9, 0.

12. D. Comment, avec ces dix caractères, peut-on représenter tous les nombres possibles?

R. Avec ces dix caractères, on peut représenter tous les nombres possibles, en donnant à chaque chiffre une valeur relative à la place qu'il occupe, ainsi le premier chiffre à droite représente des *unités*, le second des *dizaines*, le troisième des *centaines*, etc.

13. D. Combien les chiffres ont-ils de valeurs?

R. Tout chiffre a deux valeurs, l'une *absolue*, qui est celle qu'il a étant considéré isolément, et l'autre *relative*, qui est celle que lui donne le rang qu'il occupe dans un nombre. Ainsi, dans 56, la valeur absolue de 5 est *cinq*, et sa valeur relative est *cinq* dizaines ou *cinquante* unités.

14. D. Comment exprime-t-on les nombres écrits en chiffres?

R. On exprime les nombres écrits en chiffres en désignant la valeur que donne à chaque chiffre le rang qu'il occupe. Ainsi le nombre 56 s'exprime *cinquante-six* unités, ce qui est la même chose que *cinq* dizaines et *six* unités. 567 s'exprime

cinq cent soixante-sept unités, ce qui re
vient à cinq centaines, six dizaines et
sept unités, ou cinquante-six dizaines sept
unités.

15. D. Que faut-il faire pour exprimer
facilement un nombre composé de plus
de trois chiffres, comme par exemple
12345678 ?

R. Il faut diviser ce nombre en tran-
ches de trois chiffres, en commençant par
la droite, ainsi qu'il suit : 12 345 678.
On donne à la première tranche le nom
d'*unité*, à la seconde celui de *mille*, à la
troisième celui de *million*, etc. Ainsi le
nombre proposé s'exprime : 12 millions
345 mille 678 unités.

EXERCICES SUR LA NUMÉRATION.

Écrire en chiffres les nombres suivants :

1. Dix *unités*, vingt *unités*, quatre-vingt-six
   unités.
2. Vingt-sept *unités*, quarante huit *unités*,
   soixante-cinq *unités*.

3. Soixante-quinze *unités*, quatre-vingt-treize *unités*.

4. Cent soixante-huit *unités*, cent quatre-vingt cinq *unités*.

5. Six cent deux *unités*, sept cent vingt-trois *unités*, huit cent quarante-sept *unités*.

6. Neuf cent quatre-vingt-quinze *unités*, neuf cent sept *unités*.

7. Mille *unités*, mille une *unités*, deux mille six *unités*.

8. Neuf mille trente et une *unités*, dix-sept mille cinquante-quatre *unités*.

9. Trente-six mille neuf *unités*, cinquante-cinq mille cinq cent deux *unités*.

10. Soixante et dix mille quarante *unités*, quatre-vingt mille quatre-vingt-sept *unités*.

DES DÉCIMALES.

16. D. Qu'appelle-t-on *décimales* ?

R. On appelle *décimales* des parties de l'unité qui sont dix fois, cent fois, mille fois, etc., plus petites que cette même unité.

17. D. Comment nomme-t-on ces parties par rapport à l'unité ?

R. Les parties décimales contenues dix fois dans l'unité se nomment *dixièmes* ;

celles qui y sont contenues cent fois se nomment *centièmes* ; celles qui y sont contenues mille fois se nomment *millièmes* ; etc.

18. D. Donnez un exemple de la formation des décimales.

R. Si on divise une pomme, une ligne ou un objet quelconque, en dix parties égales, chaque partie sera un dixième de cet objet ; si on divise chaque *dixième* en dix autres parties égales, on aura des *centièmes* ; si on divise chaque *centième* en *dix*, on aura des *millièmes*.

19. D. Comment écrit-on les nombres décimaux ?

R. On écrit les nombres décimaux comme les nombres entiers, mais on les sépare des unités par une virgule. S'il n'y avait pas d'unité, on mettrait un zéro à la place.

Ainsi le nombre *quatre unités vingt-cinq centièmes* s'écrit 4,25 ; *vingt-six centièmes* s'écrit 0,26 ; etc.

EXERCICES SUR LA NUMÉRATION DÉCIMALE.

Écrire en chiffres les nombres suivants.

11. Vingt-six *unités* trois *dixièmes*.
12. Quarante-quatre *unités* trois *centièmes*.
13. Trente-huit *unités* quarante *centièmes*.
14. Deux cent dix-sept *unités* cinquante *centièmes*.
15. Vingt-deux *unités* quarante-huit *centièmes*.
16. Neuf cent six *unités* cinq *millièmes*.
17. Mille six *unités* cinq *dix-millièmes*.
18. Quatre mille sept *unités* cinq *cent-millièmes*.
19. Vingt-trois *unités* cinq *millionièmes*.
20. Cinquante-neuf *unités* cinq *dix-millionièmes*.

APPLICATION
DES PRINCIPES DE LA NUMÉRATION.

20. D. Que faut-il faire pour rendre un nombre entier dix fois plus grand?

R. Pour rendre un nombre entier dix fois plus grand, il faut écrire un zéro à la suite de ce nombre. Ainsi, 120 est dix fois plus grand que 12 ; pour le rendre cent fois plus grand on écrirait deux zéros : 1200 ; etc.

21. D. Que faut-il faire pour rendre dix fois plus grand un nombre accompagné de décimales ?

R. Pour rendre dix fois plus grand un

nombre accompagné de décimales, il faut déplacer la virgule d'un rang vers la droite. Ainsi, 123,4 est dix fois plus grand que 12,34; etc.

22. D. Que faut-il faire pour rendre un nombre entier dix fois plus petit ?

R. Pour rendre un nombre entier dix fois plus petit, il faut séparer un chiffre à sa droite par une virgule. Ainsi, pour rendre 1234 dix fois plus petit, il faut écrire 123,4; s'il s'agissait de le rendre cent fois plus petit, on écrirait 12,34; etc.

23. D. Que faut-il faire pour rendre dix fois plus petit un nombre accompagné de parties décimales ?

R. Pour rendre dix fois plus petit un nombre accompagné de parties décimales, tel que 123,45, il faut déplacer la virgule d'un rang vers la gauche, et écrire 12,345 ; s'il s'agissait de le rendre cent fois plus petit on écrirait 1,2345; pour mille on écrirait 0,12345, en mettant un zéro à la place des unités.

DES OPÉRATIONS DE L'ARITHMÉTIQUE.

24. D. Qu'appelle-t-on *opérations*, en arithmétique ?

R. En arithmétique, on appelle *opérations*, les divers changements que l'on fait subir aux nombres.

25. D. Quelles sont les opérations fondamentales de l'arithmétique ?

R. Les opérations fondamentales de l'arithmétique sont : l'*addition*, la *soustraction*, la *multiplication* et la *division*.

26. D. Pourquoi ces quatre opérations sont-elles appelées *fondamentales* ?

R. Ces quatre opérations sont appelées *fondamentales* parce que les autres opérations, même les plus compliquées, ne sont que la combinaison de celles-là.

27. D. Qu'appelle-t-on *problème* ?

R. On appelle *problème* une proposition qui renferme une question à résoudre ou une vérité à découvrir.

28. D. Qu'est-ce que le *calcul*?

R. Le *calcul* est l'exécution des opérations à faire pour résoudre un problème.

DE L'ADDITION.

29. D. Qu'est-ce que l'*addition*?

R. L'*addition* est une opération par laquelle on joint ensemble des nombres exprimant des unités de même nature, pour en faire un seul, qu'on appelle *somme* ou *total*.

30. D. Qu'entendez-vous par unités de même nature?

R. Par unités de même nature on entend celles qui portent la même dénomination. Ainsi on peut additionner des francs avec des francs, des mètres avec des mètres, etc.; mais on n'additionne pas des francs avec des grammes, des stères avec des ares, etc.

31. D. Comment faut-il écrire les nombres qu'on veut additionner?

R. Pour bien poser les nombres qu'on
veut additionner, il faut les écrire de
manière que les unités soient sous les
unités, les dizaines sous les dizaines, etc.;
si les nombres sont décimaux, il faut
écrire les dixièmes sous les dixièmes, les
centièmes sous les centièmes, etc.

32 D. Par quelle colonne faut-il
commencer l'addition ?

R. Il faut commencer l'addition par
les chiffres de la première colonne à
droite, afin de porter les dizaines qui
proviennent de chaque colonne à la colonne suivante.

Exemple d'une addition de nombres entiers.

Quel est le total des trois nombres suivants :
428, 635 et 874 ?

Opération.

$$
\begin{array}{r}
428 \\
635 \\
874 \\
\hline
\end{array}
$$

Total   1937

Après avoir écrit les nombres les uns sous les
autres, je commence par additionner les unités,

en disant : 8 et 5 font 13 , et 4 font 17 ; en dix-
sept unités, il y a une dizaine et sept unités ; j'é-
cris 7 unités, et je retiens une dizaine pour la
porter au rang des dizaines. A la seconde colonne,
qui est celle des dizaines, je dis : 1 de retenue
et 2 font 3, et 3 font 6, et 7 font 13 ; en treize
dizaines il y a 1 centaine et 3 dizaines ; j'écris
3 au rang des dizaines, et je retiens 1 centaine. Je passe à la troisième colonne, en disant :
1 de retenue et 4 font 5, et 6 font 11, et 8 font
19; j'écris 9 au rang des centaines, et j'avance 1
au rang des mille, et j'ai 1937 pour la somme
ou le total des trois nombres proposés.

33. **D. Comment se fait l'addition des
nombres décimaux ?**

R. L'addition des nombres décimaux
se fait comme celle des autres nombres ;
mais on sépare à la droite du résultat,
par une virgule, autant de chiffres qu'il
y a de décimales dans celui des nombres
qui en a le plus parmi ceux qu'on a addi-
tionnés.

Exemple.

Soit proposé de faire l'addition des nombres
suivants : 3579 unités 25 centièmes ; 4682 unités
05 centièmes ; 573 unités 75 centièmes, et 7856
unités 80 centièmes.

Opération.

$$3579, 25$$
$$4682, 05$$
$$573, 75$$
$$7856, 80$$

Réponse 16691, 85

qu'il faut lire 16691 unités 85 centièmes.

Commençant par la droite, je dis : 5 et 5 font 10, et 5 font 15 ; en 15 centièmes il y a 1 dixième et 5 centièmes ; j'écris les 5 centièmes, et je retiens le dixième pour le porter à la colonne de cette espèce, et je dis : 1 de retenue et 2 font 3, et 7 font 10, et 8 font 18 ; en 18 dixièmes il y a 1 unité, que je retiens pour l'additionner avec les unités, et j'écris 8 au rang des dixièmes, puis je dis : 1 et 9 font 10, etc.

34 D. Comment fait-on la preuve de l'addition ?

R. On peut faire la preuve de l'addition en ajoutant ensemble une partie des nombres proposés, ensuite les autres ; et additionnant les deux totaux, on doit trouver la même somme qu'à la première opération.

Exemple.

Opération		Preuve	
		1re part.	2e part.
123, 24		123, 24	56, 25
349, 00		349, 00	149, 34
56, 25		———	967, 32
149, 34		472, 24	———
967, 32			1172, 91
———			

Total 1645, 15

Addition des totaux partiels:

472, 24
1172, 91
———
1645, 15

Pour faire la preuve, j'ai additionné séparément les deux premiers nombres, puis les trois autres, et enfin les deux totaux ; comme le résultat est égal à celui que j'ai obtenu dans la première addition, j'en conclus que l'opération a été bien faite.

Exercices sur l'addition.

21. 41+64+95+77+49+64+47+36

22. 49+97+68+45+54+68+88+97+75+63 +49+98+57+95+50+87+56+43+21 +10

23. 48+95+67+47+89+41+50+99+87+86 +56+65+29+92+67+47+66+44+47 +64

Problèmes sur l'Addition.

24. Une personne qui était née en 1742, est morte à l'âge de 90 ans : quelle est l'année de sa mort ?

25 Une pépinière contient 427 poiriers, 247 pommiers, 875 cerisiers, 563 pêchers et 389 abricotiers : combien d'arbres en totalité ?

26. Combien y a-t-il d'élèves dans une maison d'éducation divisée en cinq classes de la manière qui suit : la 1re contient 57 élèves, la 2e, 65 ; la 3e, 72 ; la 4e, 88, et la 5e, 129 ?

27. En 1829, la population a augmenté en France de 181 074, en 1830, de 157 994, et en 1831, de 183 948 : on demande le total de l'augmentation pendant ces trois années.

28. Écrivez quarante *unités* cinq *centièmes*, cent quatre *unités* huit *dixièmes*, mille trois *unités* vingt-cinq *millièmes*, sept *unités* trente-huit *centièmes*, deux *unités* quinze *centièmes*, et faites-en la somme.

29. On demande le total des nombres suivants : quatre *dixièmes*, vingt *millièmes*, trois cents *dix-millièmes*, un *centième*, deux cents *millièmes*, quarante-quatre *millièmes*, dix-huit *centièmes*.

30. Écrivez quatre *centièmes*, douze *cent-millièmes*, cent dix *millièmes*, onze *centièmes*, quinze *millièmes*, quatorze *millièmes*, dix sept *dix-millièmes*, et faites-en la somme.

DE LA SOUSTRACTION.

35. D. Qu'est-ce que la *soustraction* ?

R. La *soustraction* est une opération par laquelle on retranche un nombre d'un autre nombre, pour connaître de combien le plus grand surpasse le plus petit.

36. D. Comment se nomme le résultat de la soustraction ?

R. Le résultat de la soustraction se nomme *reste*, *excès* ou *différence*.

37. D. Comment fait-on la soustraction ?

R. Pour faire la soustraction, on écrit d'abord le plus petit nombre sous le plus grand; ensuite on ôte les unités du plus petit de celles du plus grand, et on met le reste au-dessous de la même colonne; on ôte de même les dizaines, les centaines, etc. Si le chiffre inférieur est égal à son correspondant supérieur on écrit zéro.

Exemple.

Soit à trouver la différence entre ces deux nombres : 783 et 423.

Opération.

783 unités.
423
_____

Différence cherchée. 360

Après avoir placé le plus petit nombre sous le plus grand, commençant par la droite, je dis : 3 ôtés de 3, reste 0, que j'écris dessous ; ensuite 2 ôtés de 8, reste 6, que j'écris de même ; enfin 4 ôtés de 7, reste 3. Le reste ou la différence est donc 360.

38. D. Si le chiffre du nombre inférieur est plus grand que son correspondant dans le nombre supérieur, que faut-il faire ?

R. Si le chiffre du nombre inférieur est plus grand que son correspondant supérieur, on augmente, par la pensée, celui-ci de dix, valeur d'une unité du chiffre qui est immédiatement à gauche, et qu'il faut ensuite considérer comme l'ayant de moins.

Exemple.

Otez 483 de 876.

Opération

876
483
_____

Reste   393

Pour faire cette opération, je dis : 3 ôtés de 6, reste 3. Ensuite, 8 ôtés de 7, ne se peut; j'emprunte sur le chiffre à gauche une centaine qui vaut 10 dizaines, et 7 que j'ai font 17; alors je dis : 8 ôtés de 17, reste 9. Ayant emprunté sur le 8, il ne vaut plus que 7, je dis donc, 4 ôtés de 7, reste 3, que j'écris; de sorte que la différence ou le reste est 393.

39. D. Si le chiffre sur lequel on doit emprunter est un zéro, que faut-il faire?

R. Si le chiffre sur lequel on doit emprunter est un zéro, il faut faire l'emprunt sur le chiffre suivant; mais comme une unité de ce chiffre en vaut dix de la colonne où se trouve le zéro, on laisse, par la pensée, 9 sur ce zéro, et on réduit la dizaine restante en dix unités, que l'on ajoute au chiffre qui est trop faible.

Exemple.

Soit le nombre 3408 dont il faille soustraire 1059.

Opération.

$$
\begin{array}{r}
3408 \\
1059 \\
\hline
2349
\end{array}
$$

Comme on ne peut ôter 9 de 8, et qu'on ne peut emprunter sur le premier chiffre à gauche, puisqu'il n'a pas de valeur, on emprunte sur le 4 une centaine qui vaut 10 dizaines, on en laisse 9 sur le zéro, on joint la dizaine restante aux 8 unités, et on a 18, desquels ayant ôté 9 il reste 9; on ôte ensuite les 4 dizaines des 9 qu'on a laissées sur le zéro, il reste 5; le reste, comme à l'ordinaire.

40. D. S'il y a plusieurs zéros que faut-il faire?

R. S'il y a plusieurs zéros, il faut prendre sur le premier chiffre significatif une unité que l'on réduit en une dizaine de l'unité immédiatement inférieure; on en laisse 9 à ce rang, et on réduit l'unité conservée en une dizaine de l'ordre inférieur suivant, et ainsi de suite, jusqu'au dernier chiffre, auquel la dernière dizaine est ajoutée.

Exemple.

```
De    50 000
Otez  43 454
      ──────
       6 546
```

Ne pouvant ôter 4 de 0, m faire l'emprunt sur les zéros suivants, je le fais sur 5; cette unité valant dix mille, j'en place 9 sur le premier zéro ; je réduis l'unité de mille qui reste en dix centaines, j'en place 9 sur le zéro suivant ; je réduis la centaine qui reste en dix dizaines, j'en place 9 sur le troisième zéro ; et il reste une dizaine de laquelle j'ôte 4, et il reste 6.

D'après l'opération que l'on vient de faire, on voit que tous les autres zéros doivent compter pour 9, mais le 5 ne vaut plus que 4 ; on retranchera donc 5 de 9, 4 de 9, 3 de 9, et 4 de 4.

Ce que nous venons de dire est rendu plus sensible par l'exemple suivant :

Soit 1 à retrancher de 1000 ; il est évident qu'il reste 999 ; mais 1000 est composé de 100 dizaines ; donc, si j'en emprunte 1 pour la joindre à la colonne des unités, il en

restera 99, et j'aurai 1 $\overset{9}{0}$ $\overset{9}{0}$ $\overset{10}{0}$

moins. . .   1

Il reste. . .   9 9 9

41. D. Comment fait-on la soustraction des nombres décimaux ?

R. La soustraction des nombres décimaux se fait comme celle des nombres ordinaires : on écrit les unités sous les unités, les dizaines sous les dizaines, etc.; et les unités décimales de même espèce aussi les unes sous les autres, c'est-à-dire

les dixièmes sous les dixièmes, les centièmes sous les centièmes, etc.

Si le nombre des chiffres décimaux n'est
pas le même, on met, à la suite de celui
qui en a le moins, autant de zéros qu'il
en faut pour que les unités décimales
soient de même espèce dans les deux
nombres, et on opère comme à l'ordinaire; puis on sépare à la réponse, par
une virgule, autant de chiffres décimaux
qu'en contient le nombre qui en avait
primitivement le plus.

Exemple.

De 3 456,7 on veut ôter 2 986,354

Opération.

J'écris 3 456,700
      2 986,354

Reste. 470,346

On a mis deux zéros à la suite du 7, afin que le
premier nombre eût autant de chiffres décimaux
que l'autre; on a séparé à la réponse trois chiffres
décimaux parce que l'un des nombres en a trois,
et le résultat est 470 unités 346 millièmes

42. D. Comment se fait la preuve de la soustraction ?

R. La preuve de la soustraction se fait en additionnant le plus petit nombre avec la différence ; la somme doit égaler le plus grand.

Exemple.

De 35 678 on veut ôter 27 899.

Opération.

$$35\,678$$
$$27\,899$$

Reste et réponse.   7 779

Preuve.... 35 678

Pour faire la preuve de cette opération, j'ai ajouté la petite quantité 27 899 avec la différence 7 779, et j'ai eu pour total 35 678, nombre égal au plus grand ; d'où je conclus que l'opération est bien faite.

Problèmes sur la Soustraction.

31. Trouver la différence de 7 041 à 6 942.

32. Quel est l'excédant de 85 450 sur 54 498 ?

33. La différence de deux nombres est 880, le plus grand est 1200 : quel est le plus petit ?

34. Un père avait 30 ans lorsque son fils naquit : quel sera l'âge du fils lorsque le père aura 95 ans ?

35. Quel nombre faut-il ajouter à 357 unités 75 centièmes, pour avoir 8 000 unités?

36. Un nombre est 4 unités 5 centièmes; que faut il y ajouter pour avoir 10 unités?

37. Quel nombre faut il ajouter à 4 millièmes pour avoir 45 centièmes?

38. On compte 150 814 habitants à Lyon et 146 239 à Marseille: quelle est la différence entre les populations de ces deux villes?

39. Clovis a fondé la monarchie française en 481: combien s'est-il écoulé d'années depuis cette époque jusqu'en 1850?

40. Sous Philippe-le-Bel la population de Paris était de 125 000 habitants; en 1846 elle était de 950 000; de combien était-elle augmentée à cett' époque?

DE LA MULTIPLICATION.

43. D. Qu'est-ce que la *multiplication*?

R. La *multiplication* est une opération dans laquelle étant donnés deux nombres, on en compose un troisième, qui soit à l'égard du premier ce que le deuxième est à l'égard de l'unité; c'est-à-dire que, si le deuxième égale 2 fois, 3 fois, 20 fois, etc., l'unité, le nombre cherché égalera 2 fois, 3 fois, 20 fois, etc., le premier; et que, si le deuxième n'égale que la 2ᵉ, la 3ᵉ, la 20ᵉ, etc., partie de l'unité, le nombre cherché n'égalera que la 2ᵉ, le 3ᵉ, la 20ᵉ, etc., partie du premier.

44. D. Comment nomme-t-on les nombres qui entrent dans une multiplication ?

R. Le nombre que l'on multiplie se nomme *multiplicande*, celui par lequel on multiplie se nomme *multiplicateur*; le résultat se nomme *produit*.

45. D. Comment distingue-t-on le multiplicande d'avec le multiplicateur ?

R. Le multiplicande est le nombre que le sens du problème indique devoir être répété; il est de même nature que le produit qu'on cherche.

46. D. Quel est le nom commun aux deux nombres donnés pour une multiplication ?

R. Le multiplicande et le multiplicateur se nomment *facteurs* de la multiplication ou du produit.

47. D. Que faut-il savoir pour opérer facilement la multiplication ?

R. Pour opérer facilement la multiplication, il faut savoir par cœur la table suivante qu'on appelle *livret*.

TABLE DE MULTIPLICATION.

2 fois	2 font	4	5 fois	5 font	25
2 fois	3 font	6	5 fois	6 font	30
2 fois	4 font	8	5 fois	7 font	35
2 fois	5 font	10	5 fois	8 font	40
2 fois	6 font	12	5 fois	9 font	45
2 fois	7 font	14	5 fois	10 font	50
2 fois	8 font	16			
2 fois	9 font	18			
2 fois	10 font	20	6 fois	6 font	36
			6 fois	7 font	42
			6 fois	8 font	48
3 fois	3 font	9	6 fois	9 font	54
3 fois	4 font	12	6 fois	10 font	60
3 fois	5 font	15			
3 fois	6 font	18	7 fois	7 font	49
3 fois	7 font	21	7 fois	8 font	56
3 fois	8 font	24	7 fois	9 font	63
3 fois	9 font	27	7 fois	10 font	70
3 fois	10 font	30			
			8 fois	8 font	64
			8 fois	9 font	72
4 fois	4 font	16	8 fois	10 font	80
4 fois	5 font	20			
4 fois	6 font	24	9 fois	9 font	81
4 fois	7 font	28	9 fois	10 font	90
4 fois	8 font	32			
4 fois	9 font	36			
4 fois	10 font	40	10 fois	10 font	100

48. D. Comment fait-on la multiplication lorsque le multiplicateur est un seul chiffre?

R. Pour effectuer la multiplication, lorsque le multiplicateur est un seul chiffre, après avoir placé le multiplicateur sous le multiplicande, et tiré un trait sous ce dernier, on prend chacun des chiffres du multiplicande autant de fois que l'unité est contenue dans le multiplicateur; si l'un des produits donne des dizaines de l'ordre qui est multiplié, on ne pose que les unités, et on joint les dizaines au produit suivant

Exemple.

On veut multiplier 532 par 4, quel sera le produit?

Opération.

$$
\begin{array}{r}
532 \\
\times\ 4 \\
\hline
2\ 128
\end{array}
$$

Pour faire cette opération, je multiplie d'abord les unités, en disant : 4 fois 2 font 8 ; j'écris 8 sous les unités. Je passe au second chiffre en disant : 4 fois 3 dizaines font 12 dizaines ; j'écris 2 dizaines, et je retiens 1 centaine pour la joindre au troisième produit, que j'obtiens en disant : 4 fois 5 centaines font 20 centaines et 1 de retenue font 21, que j'écris en entier, parce qu'il n'y a plus rien à multiplier. Le nombre 2128 est le produit demandé, car il contient 4 fois le multiplicande. En effet, il renferme 4 fois les unités, 4 fois les dizaines et 4 fois les centaines : il renferme donc 4 fois tout le nombre 532.

49. D. Comment fait-on la multiplication lorsque le multiplicateur a plusieurs chiffres ?

R. Lorsque le multiplicateur est un nombre composé de plusieurs chiffres, on fait autant d'opérations particulières qu'il y a de chiffres dans ce multiplicateur, c'est-à-dire qu'après avoir multiplié par les unités on multiplie par les dizaines, mais on avance le produit d'un rang vers la gauche; on multiplie ensuite par les centaines, ayant soin de placer au troisième rang le produit qu'elles donnent, etc.

Exemple.

Soit 218 à multiplier par 456.

Opération.

$$218$$
$$\times\ 456$$

1 308 produit par les unités.
10 90   produit par les dizaines.
87 2   produit par les centaines.

99 408 produit total.

Pour faire cette opération, après avoir multiplié par les unités, je passe aux dizaines, je multiplie le multiplicande 218 par 5, et j'avance le produit d'un rang, c'est-à-dire que je le porte sous les dizaines, etc. Je multiplie ensuite par les centaines, ayant soin d'avancer encore d'une place le produit qui en résulte, c'est-à-dire que je l'écris sous les centaines, etc.

50. D. Pourquoi avance-t-on d'une place le produit des dizaines, de deux celui des centaines, etc.?

R. On avance d'une place le produit des dizaines, de deux celui des centaines, etc., parce qu'en multipliant les unités par des dizaines on ne peut avoir moins que des dizaines, etc.

51. D. Comment fait-on la multiplication lorsqu'il y a des zéros à l'un des facteurs ?

4. S'il y a des zéros au multiplicande, on les écrit simplement à chaque produit partiel de la multiplication, excepté le cas où on aurait une retenue, car alors on l'écrirait au lieu du premier zéro.

S'il y a des zéros au multiplicateur, on les écrit aux produits partiels, à la place indiquée par le rang qu'ils occupent, et on continue la multiplication.

Exemple.

On veut multiplier 109 080 par 36 050

Opération.

```
        109 080
    ×    36 050
   ─────────────
      5 454 000
    654 480 0
  3 272 40
   ─────────────
```

Produit 3 932 334 000

Pour faire cette multiplication, j'écris d'abord le dernier zéro du multiplicateur au rang des unités, puis je multiplie par le 5 en disant: 5 fois zéro ne donnent rien, j'écris un zéro à la gauche de celui des unités, c'est-à-dire au rang des dizaines. Je continue en disant : 5 fois 8 font 40 ; j'écris zéro, et je retiens 4. Puis 5 fois zéro ne don-

nent rien, mais j'ai 4 de retenue, que j'écris ;
j'opère de même pour le 9, etc. Passant au zéro qui,
dans le multiplicateur, occupe le rang des centaines, je l'écris sous le même rang, au produit, et
je passe au 6 en disant : 6 fois zéro ne donnent
rien ; j'écris zéro au rang des mille, etc. Le produit du 3 doit être sous le rang des dizaines de
mille, parce qu'il exprime lui-même des dizaines
de mille ; le reste à l'ordinaire.

52. D. Comment fait-on la multiplication des nombres décimaux ?

R. La multiplication des nombres décimaux se fait comme celle des nombres
entiers, sans avoir égard à la virgule ;
mais on sépare, à la droite du produit,
autant de chiffres décimaux qu'il y en a e
tout dans les deux facteurs.

Exemple.

Soit à trouver le produit de 4,35 par 8,26.

Opération

```
     4,35
  ×  8.26
  -------
     2610
      870
    3480
  -------
   35,9310
```

La multiplication étant faite, je sépare quatre chiffres décimaux à la droite du produit, parce qu'il y en a deux dans chaque facteur.

53. D. Si l'on n'a que des fractions décimales pour facteurs, que faut-il faire ?

R. Si l'on n'a que des fractions décimales pour facteurs, on fait abstraction des virgules et des zéros qui les précèdent ; et ayant effectué la multiplication, on sépare à la droite du produit, par une virgule, autant de décimales qu'il y en a en tout dans les deux facteurs ; si le produit ne donne pas assez de chiffres, on les fait précéder d'autant de zéros qu'il est nécessaire, et on met aussi un zéro à la place des unités.

Exemple.

On veut multiplier 0,054 par 0,056.

Opération.

$$
\begin{array}{r}
54 \\
\times\ 56 \\
\hline
324 \\
270 \\
\hline
0,003024
\end{array}
$$

Ayant multiplié 54 par 56, j'ai 3024 au produit ; mais comme je dois séparer 6 chiffres décimaux, je place deux zéros à gauche de ce produit ; je les fais précéder de la virgule et d'un zéro pour annoncer que le nombre ne contient pas d'unités, et j'ai 0,003 024, qu'on lit : 3 millièmes 24 millionièmes.

54. **D. Comment fait-on la preuve de la multiplication ?**

R. On fait ordinairement la preuve de la multiplication par une autre multiplication, dont l'un des facteurs égale la demie, ou le tiers, ou le quart, etc., d'un des facteurs de la règle, et l'autre égale 2 fois, 3 fois, 4 fois, etc., l'autre facteur de la règle.

On peut aussi faire la preuve de la multiplication par la division.

Problèmes sur la Multiplication.

41. Quel est le produit de 48 par 637 ?

42. Faites le produit de 40 900, 87 par 20 708.

43. Quel nombre donne 47,630 multiplié par 0,03 ?

44. On demande le produit de 8 475 par 49,875.

45. Faites le produit de 468,45 par 87,009.

46 Quel est le produit de 9 640.27 par 408,009 ?

47. Combien y a-t-il de lettres dans un volume de 719 pages, si chaque page renferme 1539 lettres ?

48. Un édifice a 295 croisées, chaque croisée est de 24 carreaux ; combien de carreaux dans tout l'édifice ?

49. Combien compte-t-on d'arbres dans une plantation composée de 95 rangées, si chaque rangée en contient 178 ?

50 Une bibliothèque renferme 75 rayons, et chaque rayon contient 86 volumes ; combien y a-t-il de pages si chaque volume est, terme moyen, de 420 pages ?

DE LA DIVISION.

55 D. Qu'est-ce que la *division* ?

R. La *division* est une opération par laquelle on cherche l'un des facteurs d'un produit dont on connaît l'autre facteur et ce produit.

Ainsi, diviser 12 par 3, c'est chercher un nombre qui, étant multiplié par 3, donne 12 au produit.

56. D. Comment nomme-t-on les termes qui entrent dans une division ?

R. Le nombre à diviser se nomme *dividende ;* celui par lequel on divise se nomme
diviseur, et le résultat se nomme *quotient.*

57. D. Comment faut-il disposer les
termes d'une division ?

R. Pour disposer les termes de la division on place sur une même ligne le dividende et le diviseur séparés par un trait
vertical, on souligne le diviseur et on met
le quotient dessous.

58. D. Comment fait-on la division ?

R. Pour effectuer la division on prend
à gauche du dividende un nombre de
chiffres suffisant pour contenir le diviseur,
on écrit au quotient le nombre qui exprime
combien de fois il y est contenu ; ensuite
on multiplie le diviseur par le chiffre
qu'on vient de poser au quotient, et le
produit se soustrait du dividende partiel.
S'il y a encore des chiffres au dividende,
on les écrit à la suite du reste, et on opère
de la même manière.

Exemple

Soit à diviser 4 689 par 9.

Opération.

46 89	9
45	
----	521
18	
18	

09	
9	

0	

Après avoir séparé les centaines par un point,
je dis: en 46 combien de fois 9? il y est 5 fois;
je mets le chiffre 5 au quotient, ensuite j'écris 45,
produit de 5 par 9, sous 46; je fais la soustraction, et il reste une centaine que je réduis en 10
dizaines par la pensée; i'y ajoute les 8 que j'ai au
dividende, ce qui fait 18 dizaines. Je les divise
par 9, en disant: en 18 combien de fois 9? il y
est 2 fois; j'écris 2 au quotient; je multiplie ce
nombre par 9, et je porte le produit 18 sous le
dividende; je l'en soustrais, et il reste zéro. J'é-
cris à côté du zéro les unités du dividende, et je
continue la division en disant: en 9 combien
de fois 9? il y est une fois, j'écris 1 au quotient, et je porte le produit du diviseur par ce
nombre sous le dividende pour l'en soustraire.
Comme il reste zéro, j'en conclus que 521 est le
quotient de 4689 par 9, ou le nombre par lequel

il faut multiplier 9 pour avoir un produit égal au dividende ce qu'il est aisé de vérifier en effectuant la multiplication.

59. D. Comment connaît-on le diviseur ?

R. Le diviseur est toujours le facteur connu.

60. D. Comment fait-on la division des nombres décimaux ?

R. La division des nombres décimaux s'effectue comme celle des nombres entiers ; mais il faut que le dividende et le diviseur aient le même nombre de chiffres décimaux ; s'il en est autrement, il faut écrire des zéros à la suite de celui qui a le moins de décimales, pour qu'il en ait autant que l'autre ; ensuite on fait abstraction de la virgule, et on divise comme à l'ordinaire.

Exemple.

Soit à diviser 32,75 par 5.

Opération.

3275	500
2750	6,55
2500	
000	

2

Je prépare cette opération en mettant deux zéros à la suite du diviseur pour lui donner autant de chiffres décimaux qu'en a le dividende; et ayant effectué la division suivant les règles précédentes, je trouve pour quotient 6 unités 55 centièmes.

61. D. Comment fait-on la preuve de la division ?

R. La preuve de la division se fait ordinairement en multipliant le diviseur par le quotient, et ajoutant au produit le reste de la division s'il y en a un : le résultat doit être égal au dividende.

Problemes sur la Division.

51. Divisez 764 700 par 20.

52. Divisez 761 234 par 924.

53. Divisez 592 684 par 9142.

54. Divisez 69,3 par 13,03.

55. Divisez 29,39 par 70,1214.

56. Divisez 0,42 par 3,07.

57. Trouvez le nombre qui, étant multiplié par 72, donne 70 344.

58. Le produit de deux nombres est 661 045, l'un de ces nombres est 85 ; trouvez l'autre.

59. Un facteur est 4,75, son produit par un autre facteur est 4222,18 : trouvez cet autre facteur.

60. Ayant multiplié 6,55 par un autre nombre, on a obtenu 57,3125 : quel est cet autre nombre,

DES FRACTIONS.

62. D. Qu'est-ce qu'une fraction?

R. Une *fraction* est une ou plusieurs parties de l'unité divisée en un nombre quelconque de parties égales.

Par exemple, si on partageait une pomme en cinq parties égales, chaque morceau serait une fraction de la pomme, et se nommerait un cinquième.

63. D. Comment représente-t-on les fractions ?

R. On représente les fractions par deux nombres placés l'un au-dessous de l'autre et séparés par un trait : ainsi, un cinquième s'écrit $\frac{1}{5}$; trois cinquièmes s'écrivent $\frac{3}{5}$; etc.

64. D. Comment nomme-t-on les termes qui composent une fraction ?

R. Le terme supérieur d'une fraction se nomme *numérateur*, et le terme inférieur, *dénominateur*.

65. D. Que marque le *numérateur?*

R. Le numérateur indique combien la fraction contient de parties de l'unité.

66. D. Que marque le *dénominateur?*

R. Le dénominateur indique en combien de parties l'unité est divisée.

67. D. De quoi dépend la valeur d'une quantité représentée sous la forme de fraction?

R. Une quantité représentée sous la forme de fraction est toujours, par rapport à l'unité, ce qu'est le numérateur par rapport au dénominateur : ainsi $\frac{5}{5}$ vaut une unité parce que le numérateur égale le dénominateur ; $\frac{10}{5}$ vaut deux unités parce que le numérateur égale deux fois le dénominateur ; $\frac{3}{5}$ égale trois fois le $\frac{1}{5}$ de l'unité parce que le numérateur égale trois fois le $\frac{1}{5}$ du dénominateur.

RÉDUCTIONS DES FRACTIONS.

68. D. Qu'entend-on par réductions des fractions?

R. Les réductions des fractions sont divers changements qu'on leur fait subir, sans que pour cela elles changent de valeur.

69. D. Quelles sont les principales réductions des fractions ?

R. Les principales réductions des fractions sont au nombre de quatre :

La première consiste à réduire des entiers, ou des entiers et des fractions, en une seule fraction ;

La seconde consiste à réduire des fractions en entiers, lorsqu'elles en contiennent ;

La troisième consiste à réduire les fractions à leur plus simple expression ;

La quatrième consiste à mettre plusieurs fractions au même dénominateur.

70. D. Que faut-il faire pour réduire des entiers en fractions ?

R. On réduit des entiers en fractions en les multipliant par le dénominateur donné ; le produit est le numérateur de la fraction demandée : ainsi on réduirait 9 entiers en *cinquièmes* en multipliant 9 par 5, ce qui donnerait $\frac{45}{5}$.

S'il y avait une fraction jointe aux entiers, il faudrait ajouter le numérateur au produit ; ainsi on réduirait 9 entiers $\frac{4}{5}$ en fraction, en multipliant 9 par 5 et ajoutant 4 au produit, ce qui donnerait $\frac{49}{5}$.

71. D. Que faut-il faire pour trouver les entiers contenus dans une fraction ?

R. Pour réduire les fractions en entiers lorsqu'elles en contiennent, il faut diviser le numérateur par le dénominateur ; le quotient donnera les entiers ; le reste, s'il y en a un, sera le numérateur d'une fraction qui a pour dénominateur celui de la fraction primitive ; ainsi on trouverait que la fraction $\frac{45}{5}$ contient 9 entiers, et que la fraction $\frac{49}{5}$ contient 9 entiers $\frac{4}{5}$.

72. D. Que faut-il faire pour réduire une fraction à sa plus simple expression ?

R. Pour réduire une fraction à sa plus simple expression, il faut d'abord diviser les deux termes de cette fraction par un même nombre, et répéter cette opération sur les deux termes de la fraction résultante, autant qu'elle pourra se faire. Par exemple, si l'on avait $\frac{120}{180}$ à réduire à sa plus simple expression, on pourrait d'abord diviser les deux termes par 2, et on aurait $\frac{60}{90}$, par 2 encore, et on aurait $\frac{30}{45}$, par 3, on aurait $\frac{10}{15}$, et par 5, on aurait $\frac{2}{3}$ pour réponse.

73. D. Quels sont les nombres divisibles par 2, par 3, par 5?

R. Tout nombre terminé par un zéro, ou par un chiffre pair, est divisible par 2; tout nombre dont la somme des chiffres considérés comme des unités simples est 3 ou un multiple de 3, est divisible par 3; tout nombre terminé par zéro ou par 5, est divisible par 5.

On pourrait encore diviser tout de suite les deux termes de la fraction par le *plus grand commun diviseur.*

74. D. Qu'est-ce qu'on entend par le *plus grand commun diviseur* de deux nombres?

R. Par le *plus grand commun diviseur* de deux nombres, on entend le plus grand nombre qui les divise l'un et l'autre sans reste.

75. D. Que faut-il faire pour trouver le plus grand commun diviseur des deux termes d'une fraction ?

R. Pour trouver le plus grand commun diviseur des deux termes d'une fraction, il faut diviser le dénominateur par le numérateur ; s'il ne reste rien, le numérateur est le plus grand commun diviseur ; s'il y a un reste, il faut diviser le premier diviseur par le reste, et continuer ainsi la division jusqu'à ce qu'elle se fasse sans reste ; le dernier diviseur qu'on aura employé sera le plus grand commun diviseur. Si on trouvait l'unité pour reste, la fraction serait irréductible.

76. D. Que faut-il faire pour réduire deux fractions au même dénominateur

R. Pour réduire deux fractions à un même dénominateur, il faut multiplier les deux termes de la première par le dénominateur de la seconde, et les deux termes de la seconde par le dénominateur de la première.

Par exemple, pour réduire à un même dénominateur les deux fractions $\frac{2}{3}$ et $\frac{3}{4}$, je multiplie 2 et 3, qui sont les deux termes de la première fraction, chacun par 4, dénominateur de la seconde ; et j'ai $\frac{8}{12}$, qui est de même valeur que $\frac{2}{3}$. Je multiplie de même les deux termes 3 et 4 de la seconde fraction, chacun par 3, dénominateur de la première, et j'ai $\frac{9}{12}$, qui est de même valeur que $\frac{3}{4}$; en sorte que les fractions $\frac{2}{3}$ et $\frac{3}{4}$ sont changées en $\frac{8}{12}$ et $\frac{9}{12}$, qui sont respectivement de même valeur que les premières, et qui ont le même dénominateur entre elles.

77. D. Que faut-il faire pour réduire trois fractions et même un plus grand nombre au même dénominateur ?

R. Si on a plus de deux fractions, on les ne réduira toutes au même dénominateur, multipliant les deux termes de chacune, par le produit résultant de la multiplication des dénominateurs des autres fractions.

DES OPÉRATIONS DES FRACTIONS.

78. D. Comment fait-on l'addition des fractions ?

R. On effectue l'addition des fractions en ajoutant ensemble tous les numérateurs, quand les fractions sont au même dénominateur ; si elles n'y sont pas, il faut d'abord les y réduire ; ensuite on divise la somme des numérateurs par le dénominateur commun, pour avoir les entiers qui s'y trouvent.

Exemple.

On demande combien il y a d'entiers dans les fractions suivantes : $\frac{1}{8}$, $\frac{3}{8}$, $\frac{5}{8}$ et $\frac{7}{8}$.

Opération : $1 + 3 + 5 + 7 = 16$; $\frac{16}{8} = 2$.

79. D. Comment fait-on la soustraction des fractions ?

R. Pour soustraire une fraction d'une

autre fraction, ayant un même dénominateur, on retranche le numérateur de la plus
petite du numérateur de la plus grande.
Par exemple, si de $\frac{4}{7}$ on veut ôter $\frac{2}{7}$, on aura
pour reste $\frac{2}{7}$ ou $\frac{4}{7}$. Si les fractions ne sont
pas au même dénominateur, il faut les y
réduire.

Si on avait des entiers et fraction à
soustraire d'autres entiers et fraction, et
que, dans ce cas, la fraction de la plus petite
somme fût plus forte que celle de la plus
grande, on emprunterait, sur le plus grand
nombre, une unité, dont la valeur serait
ajoutée à la fraction. Ainsi pour ôter 7 $\frac{7}{8}$
de 9 entiers $\frac{3}{8}$, on emprunte sur le 9, une
unité, qui vaut $\frac{8}{8}$, lesquels ajoutés à $\frac{3}{8}$ font
$\frac{11}{8}$; $\frac{7}{8}$ ôtés de $\frac{11}{8}$, il reste $\frac{4}{8}$; et ensuite,
7 entiers ôtés de 8, il reste 1; la réponse
est donc 1 entier $\frac{4}{8}$, ou 1 entier $\frac{1}{2}$.

80. D. Comment fait-on la multiplication des fractions ?

R. Pour multiplier une fraction par une
fraction, il faut multiplier le numérateur

de l'une par le numérateur de l'autre, et le dénominateur de l'une par le dénominateur de l'autre.

Par exemple, pour multiplier $\frac{2}{3}$ par $\frac{4}{5}$, on multipliera 2 par 4, ce qui donnera 8 pour numérateur ; multipliant pareillement 3 par 5, on aura 15 pour dénominateur, et par conséquent $\frac{8}{15}$ pour le produit.

81. D. Comment fait-on la division des fractions ?

R. Pour diviser une fraction par une fraction, il faut renverser les deux termes de la fraction diviseur, et multiplier la fraction dividende par cette fraction ainsi renversée.

Par exemple, pour diviser $\frac{4}{5}$ par $\frac{2}{3}$, je renverse la fraction $\frac{2}{3}$, ce qui donne $\frac{3}{2}$; je multiplie $\frac{4}{5}$ par $\frac{3}{2}$, selon la règle connue, et j'ai $\frac{12}{10}$ ou $1\frac{2}{10}$ pour le quotient de $\frac{4}{5}$ divisé par $\frac{2}{3}$.

FRACTIONS DE FRACTIONS.

82. D. Qu'appelle-t-on *fractions de fractions* ?

R. On appelle *fractions de fractions* une suite de fractions dépendantes les unes des autres ; comme si, par exemple, on demandait quels sont les $\frac{2}{3}$ des $\frac{3}{4}$ des $\frac{5}{6}$ d'une unité.

83. D. Comment peut-on réduire ces sortes de fractions en une seule ?

R. On réduit les fractions de fractions en une seule fraction, en multipliant entre eux tous les numérateurs, et aussi entre eux tous les dénominateurs ; ainsi la réponse du problème ci-dessus est $\frac{30}{72}$ d'unité.

RÉDUCTION DES FRACTIONS ORDINAIRES EN FRACTIONS DÉCIMALES.

84. D. Que faut-il faire pour réduire une fraction ordinaire en fraction décimale ?

R. Pour réduire une fraction ordinaire en fraction décimale, il faut écrire à la droite du numérateur autant de zéros qu'on veut avoir de chiffres décimaux, et le diviser ensuite par le dénominateur. Quand la division est effectuée, on sépare du quotient autant de décimales qu'on a placé de zéros au numérateur ; et pour marquer ces décimales on met au quotient, à la place des unités, un zéro suivi d'une virgule.

Exemple.

Réduire $\frac{8}{25}$ en fractions décimales.

Opération. 8,00 divisé par 25 donne 32 ; la réponse est donc 0,32.

85. D. Que faut-il faire pour réduire les décimales en fractions ordinaires ?

R. Pour réduire les décimales en fractions ordinaires, il suffit de retrancher le zéro qui tient la place des unités, et la virgule, et de donner pour dénominateur au nombre des décimales, l'unité suivie d'autant de zéros qu'il y avait de chiffres décimaux. Ainsi, 0,32 s'écrit en fraction ordinaire $\frac{32}{100}$.

SYSTÈME MÉTRIQUE.

86. D. Qu'est-ce que le *système métrique* ?

R. Le *système métrique* est l'ensemble des principes d'après lesquels on a déterminé les poids et les mesures qui ont le mètre pour base.

87. D. Qu'est-ce que le *mètre* ?

R. Le *mètre* est l'unité des mesures de longueur ; il égale la dix - millionnième partie du quart du méridien terrestre.

88. D. Qu'appelle-t-on *mesures* ?

R. On appelle *mesures* les diverses unités dont on se sert pour évaluer l'étendue, le poids, la valeur, ou en général les quantités quelconques.

89. D. Combien y a - t - il de sortes de mesures ?

R. On compte six principales sortes de mesures, savoir :

1° Les mesures de longueur ;

2° Les mesures de surface ou de superficie ;

3° Les mesures de volume ou de solidité ;

4° Les mesures de capacité ou de contenance ;

5° Les mesures de poids ;

6° Les monnaies.

90. D. Quelles sont les unités de mesures du système métrique ?

R. Les unités de mesures du système métrique sont :

1° le MÈTRE pour les longueurs ;

2° l'ARE pour les surfaces ;

3° le STÈRE pour les volumes ;

4° le LITRE pour les contenances ;

5° le GRAMME pour les poids ;

6° le FRANC pour les monnaies.

91. D. Comment exprime-t-on la multiplication des unités métriques suivant l'ordre décimal ?

R. Pour exprimer la multiplication des unités métriques suivant l'ordre décimal, on place, avant le nom de l'unité, les mots suivants, qu'on appelle *multiples décimaux*, savoir :

Déca, qui veut dire dix fois l'unité ;

Hecto, qui veut dire cent fois ;

Kilo, qui veut dire mille fois ;

Myria, qui veut dire dix mille fois.

92. D. Comment exprime-t-on les subdivisions des unités métriques suivant l'ordre décimal ?

R. Pour exprimer les subdivisions des unités métriques suivant l'ordre décimal, on place avant le nom de l'unité les mots suivants, qu'on appelle *sous-multiples décimaux*, savoir :

Déci, qui veut dire la dixième partie de l'unité ;

Centi, qui veut dire la centième partie ;

Milli, qui veut dire la millième partie.

Les multiples constituent la *série ascendante*, et les sous-multiples la *série descendante*.

93. D. Toutes les unités du système métrique admettent-elles tous les multiples et tous les sous-multiples ?

R. Le mètre et le gramme admettent

tous les multiples et tous les sous-multiples;
l'are n'admet qu'*hecto* et *centi*; le stère
n'admet que *déca* et *déci*; le litre les admet
tous, excepté *myria* et *milli*; et le franc
n'admet que les sous-multiples, sous les
noms de *décime*, *centime* et *millième*.

MESURES DE LONGUEUR.

94. D. Qu'entend-on par mesures de longueur?

R. Par mesures de longueur on entend celles dont on se sert pour mesurer l'étendue considérée comme ligne; telles que la longueur d'une route, la taille d'un homme, la longueur d'une pièce d'étoffe, etc.

95. D. Quelles sont les mesures de longueur?

R. Les mesures de longueur sont le *mètre*, ses multiples et ses sous-multiples.

96. D. Quelles sont les multiples du mètre?

R. Les multiples du mètre sont :

1° Le décamètre, qui égale une longueur de 10 mètres;

2° L'hectomètre, qui égale une longueur de 100 mètres;

3° Le kilomètre, qui égale une longueur de 1000 mètres;

4° Le myriamètre, qui égale une longueur de 10 000 mètres.

Les sous-multiples ou subdivisions du mètre sont :

1° Le décimètre, qui égale la dixième partie du mètre;

2° Le centimètre, qui égale la centième partie du mètre;

3° Le millimètre, qui égale la millième partie du mètre, etc.

DES MESURES DE SURFACE OU DE SUPERFICIE.

97. D. Qu'appelle-t-on mesures de superficie?

R. On appelle mesures de superficie celles dont on se sert pour évaluer l'étendue considérée sous deux dimensions, longueur et largeur; comme les travaux de peinture, certains travaux de menuiserie, de maçonnerie, etc.

98. D. Comment divise-t-on les mesures de surface ou de superficie ?

R. On divise les mesures de surface ou de superficie en trois classes :

1° Les mesures de *superficie* proprement dites ;
2° Les mesures *agraires* ;
3° Les mesures *topographiques.*

MESURES DE SUPERFICIES ORDINAIRES OU PROPREMENT DITES.

99. D. Qu'entendez-vous par superficies ordinaires ou proprement dites ?

R. Par superficies ordinaires ou proprement dites on entend les surfaces d'une étendue peu considérable, telles que celles d'un lambris, d'une salle, d'un mur, etc.

100. D. Quelles sont les mesures de superficies proprement dites ?

R. Les mesures de superficies proprement dites sont le *mètre carré* et ses sous-multiples.

101. D. Qu'est-ce que le *mètre carré ?*

R. Le *mètre carré* est un carré dont chaque côté a un mètre de longueur.

102. D. Quels sont les sous-multiples du mètre carré ?

R. Les sous-multiples du mètre carré sont : le décimètre carré, le centimètre et le millimètre carré.

Le décimètre carré est un carré d'un décimètre de côté ; il y en a 100 dans le mètre carré.

Le centimètre carré, est un carré d'un centimètre de côté ; il y en a 100 dans le décimètre carré, et 10 000 dans le mètre carré.

Le millimètre carré est un carré d'un millimètre de côté ; il y en a 100 dans le centimètre carré, 10 000 dans le décimètre carré et 1 000 000 dans le mètre carré.

103. Comment écrit-on les sous-multiples du mètre carré ?

R. En prenant le mètre carré pour unité, on écrit les décimètres carrés au rang des centièmes, les centimètres carrés au rang des dix-millièmes, et les millimètres carrés au rang des millionièmes.

DES MESURES AGRAIRES.

104. D. Qu'appelle-t-on mesures agraires ?

R. On appelle mesures agraires celles qui servent à évaluer la superficie des propriétés foncières ; comme celle des champs, des prés, des vignes, des bois, des forêts, etc.

105. D. Quelles sont les mesures agraires ?

R. Les *mesures agraires* sont l'*are*, avec un multiple qui est l'*hectare*, et un sous-multiple qui est le *centiare*.

106. D. Qu'est-ce que l'*are* ?

R. L'*are* est un carré dont chaque côté a 10 mètres de longueur ; il contient 100 mètres carrés ; on pourrait encore l'appeler *décamètre carré*.

107. D. Qu'est-ce que l'*hectare* ?

R. L'*hectare* est un carré de 100 mètres de côté ; il contient 100 ares, ou 10 000 mètres carrés.

108. D. Qu'est-ce que le *centiare* ?

R. Le centiare est un carré d'un mètre de côté ; c'est le mètre carré.

MESURES TOPOGRAPHIQUES.

109. D. Qu'entendez-vous par mesures topographiques ?

R. Par mesures topographiques on entend celles qui servent à mesurer les grandes superficies, comme celles d'un canton, d'un département, d'un État, etc.

110. D. Quelles sont les mesures topographiques ?

R. Les mesures topographiques sont les trois grands multiples du mètre carré, c'est-à-dire :

1° L'hectomètre carré ;
2° Le kilomètre carré ;
3° Le myriamètre carré.

111. D. Qu'est-ce que l'hectomètre carré ?

R. L'hectomètre carré est un carré de 100 mètres de côté ; il contient 10000 mètres carrés.

112. D. Qu'est-ce que le kilomètre carré ?

R. Le kilomètre carré est un carré de 1000 mètres de côté; il contient 1 000 000 de mètres carrés.

113. D. Qu'est-ce que le myriamètre carré ?

R. Le myriamètre carré est un carré de 10 000 mètres de côté ; il contient 100 000 000 de mètres carrés.

MESURES DE VOLUME OU DE SOLIDITÉ.

114. D. Qu'appelle-t-on mesures de *volume* ou de *solidité* ?

R. On appelle mesures de *volume* ou de *solidité* celles dont on se sert pour mesurer l'étendue considérée sous les trois dimensions réunies, longueur, largeur et épaisseur ; comme les travaux de maçonnerie et de terrassement, les bois de construction, les blocs de pierre et de marbre, les pierres qui servent à ferrer les routes et à bâtir, le sable, le gravier, etc., etc.

115. D. Comment les mesures de solidité sont-elles divisées ?

R. Les mesures de solidité sont divisées en deux classes, savoir :

1° Les mesures de *solidités proprement dites ;*
2° Les mesures pour le *bois de chauffage.*

MESURES DE SOLIDITÉS PROPREMENT DITES.

116. D. Quelles sont les mesures de solidités proprement dites ?

R. Les mesures de solidités proprement dites sont le *mètre cube* et ses sous-multiples.

117. D. Qu'est-ce que le mètre cube ?

R. Le *mètre cube* est un cube d'un mètre de côté.

118. D. Quels sont les sous-multiples du mètre cube ?

R. Les sous - multiples du mètre cube sont :

1° Le *décimètre cube ;*
2° Le *centimètre cube ;*
3° Le *millimètre cube.*

119. D. Qu'est-ce que le décimètre cube ?

R. Le *décimètre cube* est un cube d'un décimètre de côté,

2*

Le décimètre cube est contenu 1000 fois dans le mètre cube.

120. D. Qu'est-ce que le centimètre cube?

R. Le *centimètre cube* est un cube d'un centimètre de côté.

Le centimètre cube est contenu 1000 fois dans le décimètre cube, et 1 000 000 de fois dans le mètre cube.

121. D. Qu'est-ce que le millimètre cube?

R. Le *millimètre cube* est un cube d'un millimètre de côté.

Le millimètre cube est contenu 1000 fois dans le centimètre cube, 1 000 000 de fois dans décimètre cube, et 1 000 000 000 de fois dans le mètre cube.

122. D. Comment écrit-on les sous-multiples du mètre cube?

R. En prenant le mètre cube pour unité, on écrit les décimètres cubes au rang des millièmes, les centimètres cubes au rang des millionièmes, et les millimètres cubes au rang des billionièmes.

MESURES POUR LE BOIS DE CHAUFFAGE.

123. D. Quelles sont les mesures pour le bois de chauffage ?

R. Les mesures pour le bois de chauffage sont : le *stère*, le *décastère* et le *décistère*.

124. D. Qu'est-ce que le stère ?

R. Le *stère* est un mètre cube.

125. D. Qu'est-ce que le décastère ?

R. Le *décastère* est une mesure qui égale dix fois le stère.

126. D. Qu'est-ce que le décistère ?

R. Le *décistère* est une mesure qui égale la dixième partie du stère.

MESURES DE CAPACITÉ.

127. D. Qu'appelle-t-on mesures de capacité ?

R. On appelle mesures de capacité celles qui servent à mesurer les liquides, comme l'eau, le vin, le cidre, la bière ; ainsi que les matières sèches, comme le blé, les pois, les haricots, etc.

128. D. Quelles sont les mesures de capacité ?

R. Les mesures de capacité sont le *litre* et ses multiples, savoir : le *décalitre*, l'*hectolitre* et le *kilolitre*; ainsi que ses deux sous-multiples, savoir : le *décilitre* et le *centilitre*.

129. D. Qu'est-ce que le litre ?

R. Le *litre* est une mesure dont la contenance égale un décimètre cube.

130. D. Qu'est-ce que le décalitre ?

R. Le *décalitre* est une mesure dont la contenance égale 10 litres.

131. D. Qu'est-ce que l'hectolitre ?

R. L'*hectolitre* est une mesure dont la contenance égale 100 litres, ou 10 décalitres.

132. D. Qu'est-ce que le kilolitre ?

R. Le *kilolitre* est une mesure dont la contenance égale 1000 litres, ou 100 décalitres, ou 10 hectolitres.

133. D. Qu'est-ce que le décilitre ?

R. Le *décilitre* est une mesure dont la contenance égale la dixième partie du litre.

134. D. Qu'est-ce que le centilitre ?

R. Le *centilitre* est une mesure dont le contenance égale la centième partie du litre, ou la dixième partie du décilitre.

MESURES DE POIDS.

135. D. Qu'appelle-t-on mesures de poids?

R. On appelle *mesures de poids*, ou simplement *poids*, les mesures dont on se sert pour peser.

136. D. Quelles sont les mesures de poids?

R. Les mesures de poids sont le *gramme* et ses multiples, c'est-à-dire le *décagramme*, l'*hectogramme*, le *kilogramme* et le *myria-gramme*; ainsi que ses sous-multiples, c'est-à-dire le *décigramme*, le *centigramme* et le *milligramme*.

137. D. Qu'est-ce que le gramme?

R. Le *gramme* est un poids égal à celui d'un centimètre cube d'eau distillée, prise à la température du maximum de densité et pesée dans le vide.

138. D. Qu'est-ce que le *décagramme*?

R. C'est un poids de 10 grammes.

139. D. Qu'est-ce que l'*hectogramme*?

R. C'est un poids de 100 grammes, ou de 10 décagrammes.

140. D. Qu'est-ce que le *kilogramme*?

R. C'est un poids de 1000 grammes, ou de 100 décagrammes, ou de 10 hectogrammes.

141. D. Qu'est-ce que le *myriagramme*?

R. C'est un poids de 10 000 grammes, ou de 1000 décagrammes, ou de 100 hectogrammes, ou de 10 kilogrammes.

142. D. Qu'est-ce que le *décigramme*?

R. C'est un poids égal à la dixième partie du gramme.

143. D. Qu'est-ce que le *centigramme*?

R. C'est un poids égal à la centième partie du gramme ou à la dixième partie du décigramme.

144. D. Qu'est-ce que le *milligramme*?

R. C'est un poids égal à la millième partie du gramme, ou à la centième partie du décigramme, ou à la dixième partie du centigramme.

MESURES MONÉTAIRES.

145. D. Qu'appelle-t-on mesures monétaires?

R. On appelle mesures monétaires, ou
simplement monnaies, les mesures qui
servent à évaluer le prix des choses.

146. D. Quelles sont les mesures monétaires ?

R. Les mesures monétaires sont le *franc*
et ses sous-multiples, c'est-à-dire le *décime*,
le *centime* et le *millième*.

147. D. Qu'est-ce que le *franc?*

R. Le franc est une pièce de monnaie
du poids de cinq grammes, dont neuf
dixièmes d'argent et un dixième d'alliage.

148. D. Qu'est-ce que le *décime?*

R. Le décime est une pièce de monnaie
d'une valeur égale à la dixième partie du
franc.

149. D. Qu'est-ce que le *centime?*

R. C'est une pièce de monnaie dont la
valeur égale la centième partie du franc.

Le *millième* n'est usité que dans le calcul.

Exercices sur les nombres à écrire
en chiffres et à additionner.

61. 1° Deux hecto trois déca et neuf unités, 2° cent dix-neuf unités, 3° un hecto et un déca.

62. 1° Deux kilo deux hecto un déca et deux unités, 2° trois myria sept kilo neuf hecto et six déca, 3° soixante myria deux kilo trois hecto et trente-six unités.

63. 1° Quatre myria douze hecto quatre déca et deux unités, 2° sept hecto et un déca, 3° six myria et six déca.

64. 1° Quinze kilo vingt déca et huit unités, 2° deux myria six kilo huit hecto et dix-neuf unités, 3° un myria un kilo un hecto un déca et une unité.

65. 1° Trois déca et six unités, 2° trois kilo trente-deux déca, 3° cent douze déca neuf unités, 4° neuf myria six hecto et vingt-neuf unités.

66. 1° Quinze myria huit kilo deux hecto un déca deux unités, 2° douze kilo dix-sept déca neuf unités, 3° cent vingt-deux hecto six déca et trois unités.

67. 1° Trois myria deux kilo un hecto deux déca trois unités, 2° trente-neuf kilo vingt déca six unités et trois déci, 3° cent vingt-deux hecto douze unités et sept centi, 4° quatre-vingt-neuf myria et vingt-deux déca.

68. 1° Quarante-cinq myria vingt-six hecto cinquante unités, 2° cent dix kilo trente déca vingt centi, 3° douze myria douze hecto douze unités cinq déci ; 4° cent un hecto dix unités et neuf déci.

69. 1° Dix-huit myria vingt hecto trois-cent quinze milli, 2° vingt déca neuf-cent quatre-vingt-dix-neuf milli, 3° trois kilo neuf hecto dix centi cinq milli, 4° cent un hecto dix unités et neuf déci.

70. 1° Mille cent deux hecto trois centi quatre milli, 2° cent cinquante kilo vingt-cinq déca trois déci, 3° neuf myria vingt-neuf hecto trois-cents milli, 4° dix myria cent un déca vingt-cinq milli.

Problèmes sur les quatre règles fondamentales.

71. J'ai dépensé 345 fr., j'en ai perdu 61, prêté 50, et il m'en reste encore 350 : combien en avais-je en tout ?

72. Une maison coûte 41590 fr. ; on veut gagner 1450 fr. : combien faut-il la vendre ?

73. Paul naquit en 1811 ; dans quelle année aura-t-il 36 ans ?

74. J'ai acheté 6 douzaines de chapeaux à 8 fr. 55 pièce, je donne en paiement 52 mètres de drap à 12 fr. le mètre : combien doit-on me rendre ?

75. Un père de famille dépense annuellement 846 fr. pour nourriture, 641 fr. pour habillement, 346 fr. pour entretien de sa maison et 159 fr, pour des menues dépenses : quelle est sa dépense totale s'il donne 53 fr. 75 aux pauvres ?

76. Six paniers pleins de pommes en contiennent chacun 15 douzaines : quel est le nombre total contenu dans les 6 paniers ?

77. Pour 9 ballots de 36 pièces contenant chacune 12 mouchoirs, on paie 9840 fr., et 150 fr. pour le transport, 64 fr. de droits, 16 fr. d'emballage : quel sera le bénéfice si l'on vend chaque mouchoir 3 fr. 30 ?

78. La France récolte annuellement pour environ 1 900 000 000 de fr., en grains de toute espèce, pour 800 000 000 de vins de toute qualité, pour 700 000 000 de fourrages, pour 262 000 000 de légumes et de fruits ; les coupes de bois rapportent 141 000 000, le lin et le chanvre 70 000 000, les animaux domestiques 650 000 000 : on demande la somme de ces divers revenus.

79. Un maître qui a 3 compagnons donne au premier 5 fr. 25, au second 4 fr. 75, au troisième 3 fr. 35 ; combien doit-il à chacun et combien en tout, sachant qu'ils ont travaillé trois semaines, le dimanche excepté ?

80. La population de la France, qui est de 32 561 463 habitant, est répartie en 35924 communes rurales et 1088 communes urbaines ; on sait que les premières comprennent 24 575 327 habitants : on demande de combien le chiffre des habitants des communes rurales surpasse celui des communes urbaines, et quelle est la population de ces dernières ?

81. Un propriétaire a trois vignes dans lesquelles il a récolté 4 500 hectolitres, la première en a produit 1 354 décalitres, la seconde 14 284 litres : quelle est le produit de la troisième ?

FIN.

RÉPONSES DES PROBLÈMES.

Numération des entiers.

1. 10,   20,   86.
2. 27,   48,   65.
3. 75,   93.
4. 168, 185.
5. 602, 723, 847.
6. 955, 907.
7. 1000, 1001, 2006.
8. 9031, 17054.
9. 36009, 55502.
10. 70040, 80087.

Numération décimale.

11. 26,3.
12. 44,03.
13. 38,40.
14. 217,50.
15. 22,048.
16. 906,005.
17. 1006,0005.
18. 4007,00005.
19. 23,000005.
20. 59,0000005.

Exercices sur l'addition.

21. 473 unités.
22. 1229.
23. 1282.

Problèmes sur l'addition.

24. 1832.
25. 2501.

26. 411.
27. 523016.
28. 1157,405.
29. 0,884.
30. 0,29082.

Problèmes sur la soustraction.

31.   99.
32. 80952.
33. 820.
34. 65.
35. 7642,25.
36. 5,95.
37. 0,146.
38. 4575.
39. 1369.
40. 825000.

Problèmes sur la multiplication.

41.   80576.
42. 846975215,96.
43.   1,4289.
44. 422690,625.
45. 40759,36605.
46. 3933316,92243.
47. 1106541.
48. 7080.
49. 16910.
50. 2709000.

Problèmes sur la division.

69. 196212,319.
70. 454360,659.

51. 38235.
52.   823,84 reste 584.
53.   64,83   814.
54.   5,31   1107.
55.   0,41   640226.
56.   0,13   209.
57.   977.
58.   7777.
59.   888,88.
60.   8,75.
61.   468. unités.
62. 642508.
63. 102012.
64.   53138.
65. 194114.
66. 182654.
67. 973761,87.
68. 694273,60.

Problèmes sur les quatre règles fondamentales.

71.   806. fr.
72.   43040.
73.   1847.
74.   9,40.
75.   2045,75.
76.   1080 pommes.
77.   2760, fr. 40.
78. 4523000000.

79. $\left\{\begin{array}{l} 94,50. \\ 85,50. \\ 60,30. \\ \hline 240,30. \end{array}\right.$

80. $\left\{\begin{array}{l} 16589191. \\ 7986136. \end{array}\right.$

81.   4238,76. hecto.

FIN.

TOURS. — IMPRIMERIE MAME.

www.ingramcontent.com/pod-product-compliance
Lightning Source LLC
Chambersburg PA
CBHW050619210326
41521CB00008B/1321